北京科技报 专家团队 策划审定

U0281399

未来科学家科普分级读物（第三辑）

解译
生命密码

小多科学馆 编著 石子儿童书 绘

"科普天团"
为少年量身打造的
科普分级读物
ke pu tian tuan　liang shen da zao
ke pu yue du　fen ji du wu

电子工业出版社·
Publishing House of Electronics Industry
北京 · BEIJING

目录

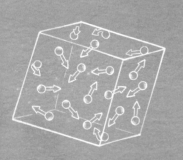

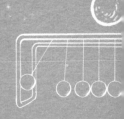

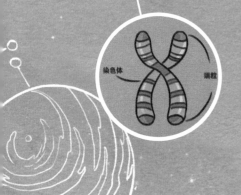

染色体   端粒

神奇的"双螺旋梯子"

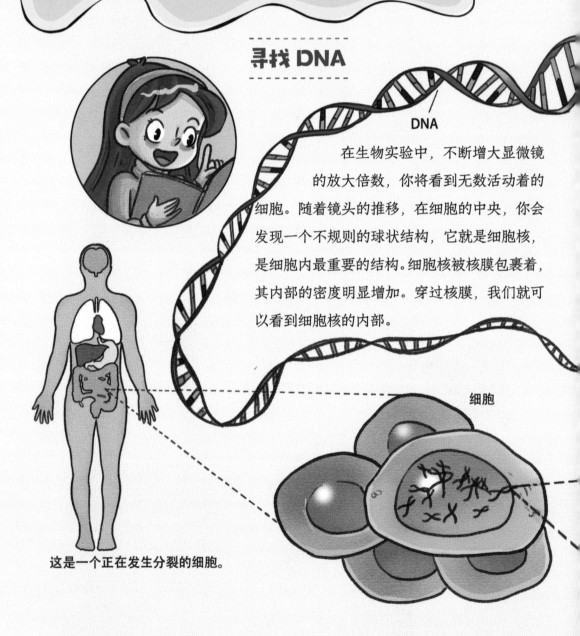

寻找 DNA

DNA

在生物实验中，不断增大显微镜的放大倍数，你将看到无数活动着的细胞。随着镜头的推移，在细胞的中央，你会发现一个不规则的球状结构，它就是细胞核，是细胞内最重要的结构。细胞核被核膜包裹着，其内部的密度明显增加。穿过核膜，我们就可以看到细胞核的内部。

细胞

这是一个正在发生分裂的细胞。

在细胞内部，你会看到"X"染色体及其内部的"细丝"。"细丝"由一根缠绕在一些组蛋白上的"蓝丝带"紧密堆叠而成。"蓝丝带"由一串呈双螺旋结构的化学物质组成，这些化学物质就是脱氧核糖核酸（英文 Deoxyribo Nucleic Acid，缩写为 DNA）。

在自然环境中，没有 DNA 完全相同的两个人。这串记录着"你是谁"的信息编码决定了你的相貌以及你可能会患的疾病等。无论是人类的还是地球上任何一种其他生物的细胞中，都有它的身影。

我们每个人大概拥有 40 万亿 ~ 60 万亿个细胞，每个细胞的平均直径为 10 ~ 20 微米。

一个细胞装着多少 DNA 呢？如果将里面的"蓝丝带"全部拉出来量一量，得到的数值之和是 2 米左右。

碱基对

组蛋白

如果我们以 10 万亿个细胞来计算，将细胞里面的 DNA 首尾相接，它的长度约为 200 亿千米。这个长度相当于在地球与太阳之间往返好几十个来回！

染色体

DNA 像双螺旋梯子

假设我们有一台超级显微镜（普通的光学显微镜无法做到），将它放大到足够大的倍数后，我们就可以观察到 DNA 的结构。

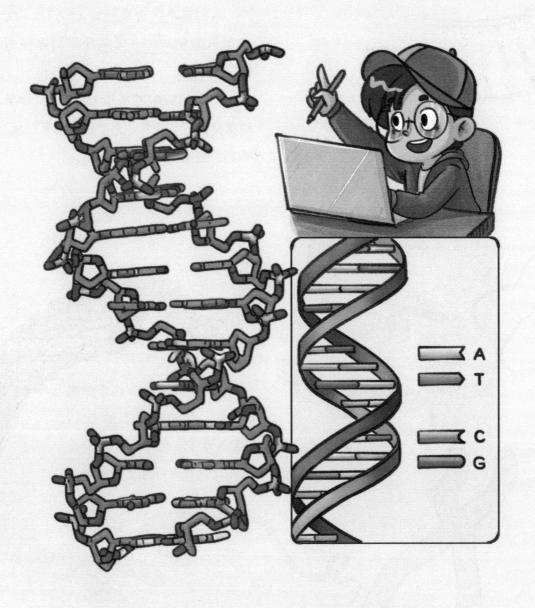

一条 DNA 由两条脱氧核苷酸链组成，每一条脱氧核苷酸链由一个磷酸、一个脱氧核糖和一个碱基构成。碱基分为四种，分别为腺嘌呤（A）、胸腺嘧啶（T）、鸟嘌呤（G）、胞嘧啶（C）。其中，A 与 T 配对，G 与 C 配对，两条链上的碱基按照固定的配对规则，相互吸引在一起，形成横杆。

DNA 像一架螺旋上升的梯子，梯子两侧的骨架由磷酸和脱氧核糖搭起。梯子内侧的一条条横杆是碱基对，它们分别连在两侧骨架的糖分子上。

每单位长度的 DNA 包含了超过 30 亿个密码字母。想一想，每个位置都有 4 个字母可以选择，这将产生多少种组合呢？答案是近乎无限。在人类的 DNA 中，大约有 99% 是相同的，这确保了我们都属于人类。剩下的 1% 的差别让我们每个人看起来与众不同。

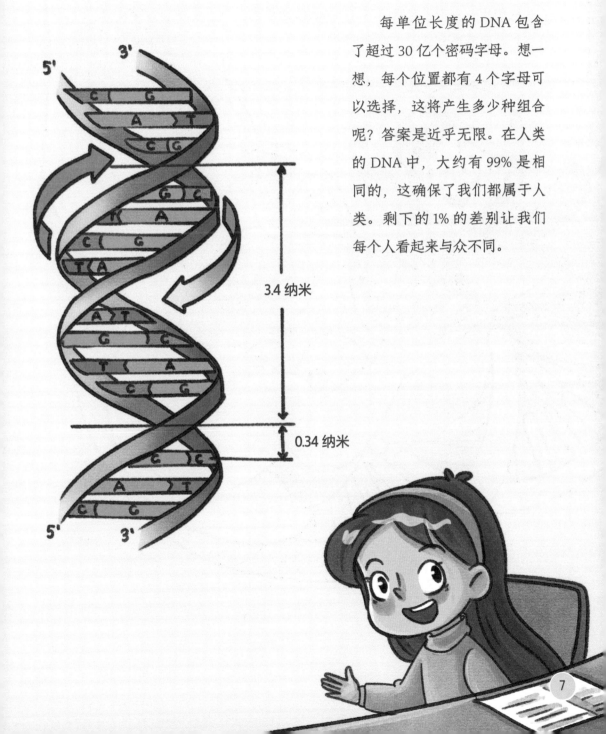

3.4 纳米

0.34 纳米

基因是什么

DNA 被称为"地球上最非同寻常的分子"。由它构成的指令决定了老鼠间孕育而成的受精卵将发育成老鼠而不是大象或者其他生物。

在一条 DNA 链中，并不是所有的碱基序列都能形成指令。只有其中一小部分长短不同的特殊片段的碱基序列能够指导蛋白质的合成，从而形成生物体及实现生物体的各种功能。这些片段就是基因，也叫遗传因子。

生物体的一切活动都依赖基因，因为基因决定了蛋白质的合成。基因携带了构建细胞和维持生物体形态所需的所有信息。这些信息可以从上一代传递给下一代，从而保证物种的延续。

不同生物体所含有的基因的数目相差很大。比如，支原体（一种原核生物）仅含有不到 500 个基因，而人类染色体所含有的基因大概是 20000 多个。

一般来说，同一生物体中的每个细胞都含有相同的基因。不过，在每个细胞中，并不是所有基因携带的形态特征等遗传信息都能表现出来。基因在负责不同功能的细胞中，发挥的作用也不同。

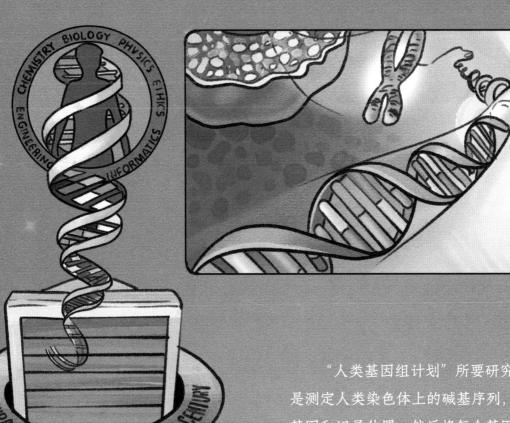

"人类基因组计划"所要研究的就是测定人类染色体上的碱基序列，辨识基因和记录位置，然后将每个基因和其对应功能联系起来，最终破解人类的遗传密码。

模拟 DNA 复制过程

在细胞分裂过程中，DNA 自身从事着一项至关重要的工作——复制，这保证了母细胞能够将遗传信息全部传给它的"孩子"——子细胞。

DNA 的双螺旋结构保证了自身的完美复制。如果把 DNA 拉直，我们可以更好地看到它上面的碱基对。在任意一段 DNA 中，A 与 T 或 C 与 G 的比值都是 1：1，且结构上必定是 A 与 T 相对、C 与 G 相对。只要知道 DNA 其中一边碱基的序列，就可以知道另一边，这就是碱基互补配对原则。

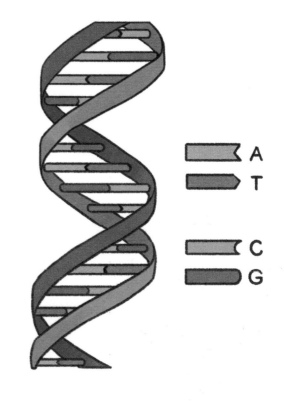

新细胞要诞生，首先要复制原细胞的 DNA。这时，DNA 的两条链会像被拉开的拉链一样，互相配对的碱基也就彼此分开。想象上面两行字母从中间的红线分开，你得到了两个模板，根据碱基互补配对原则，你又可以在每一个模板下面，写出对应的第二行字母。

实际上，在双链解开形成单链的同时，细胞内的 DNA 聚合酶按照同样的原则将一个个脱氧核糖核苷酸依次组装到每条单链上。当整条 DNA 单链都被组装完时，就会形成两条与发生复制前序列完全一致的 DNA。

在新生 DNA 的两条链条中，一条是新链，另外一条是作为模板的旧链，这是为了半保留复制。DNA 的复制解释了为什么我们长得像自己的父母，这是因为我们的 DNA 复制于父母的 DNA。

DNA 复制完成后，细胞内其他物质也要进行复制，其中最重要的就是蛋白质。作为 DNA 的载体，染色体上布满了蛋白质，包括维持 DNA 的缠绕状态的组蛋白，还有一些与细胞分裂直接相关的蛋白。它们构成了染色体上的一个特殊的位置，这个位置在细胞分裂的过程中称为着丝粒。

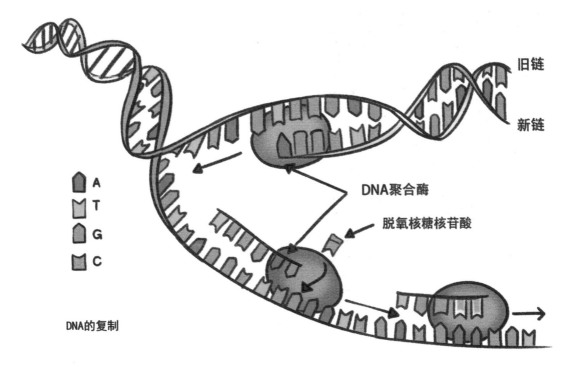

旧链

新链

A
T
G
C

DNA聚合酶

脱氧核糖核苷酸

DNA的复制

当细胞分裂的准备工作完成之后，细胞内出现了一个个的"X"染色体，它们是复制后的染色体，两条一模一样的染色单体由一个着丝粒连着。这个着丝粒保证染色体在复制后是一个整体。

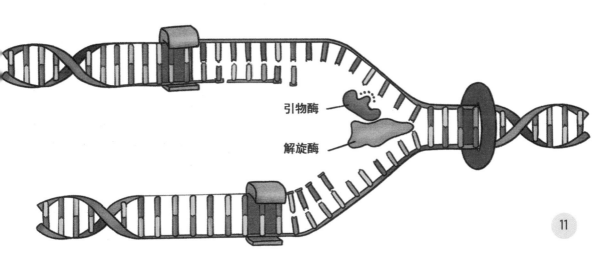

引物酶

解旋酶

遗传物质的发现

1856 年，捷克的布尔诺市南郊来了一名修道士。他在修道院的后面开垦了一块豌豆田，每天驱赶传递花粉的蜜蜂和甲虫。这名修道士就是奥地利人格雷戈尔·孟德尔，他被称为"遗传学之父"。著名的豌豆实验就是出自他手。

孟德尔研究豌豆是如何将某些特征从一代传递到下一代的。他先观察豌豆的形状、颜色、茎的高度，然后选择两种不同的豌豆进行异花授粉（将从一朵花的雄蕊上获得的花粉传递给另一朵花的雌蕊），最后观察结果。在一次实验中，他选择高茎的雄株和矮茎的雌株进行杂交，研究它们的子代。他发现，子代长出来的都是高茎豌豆。而把这些子代高茎豌豆的种子种下去之后，长出的豌豆（子一代）的茎有高有矮，似乎看不出有什么规律。不过，孟德尔仔细数了一下第三代（子二代）豌豆，发现它们中高茎和矮茎的比例接近 3：1。随后，他又对不同颜色的豌豆种子进行研究，也发现了相似的结果。

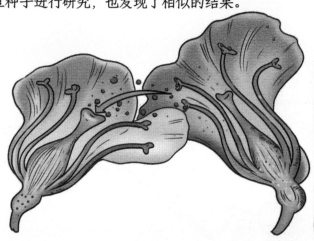

异花授粉是指一朵花的雄蕊获得花粉，将花粉传递给另一朵花的雌蕊的过程。授粉的结果是生成种子，种子将成长为下一代植物。

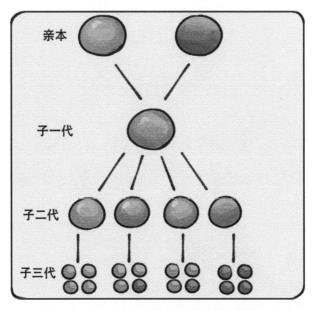

子一代

子二代

子三代

亲本

孟德尔豌豆实验

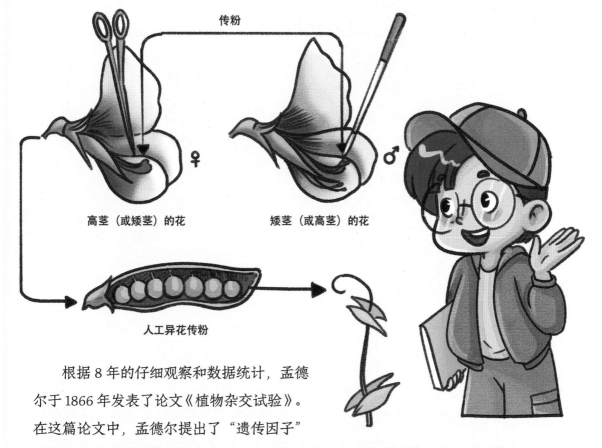

传粉

高茎（或矮茎）的花 ♀

矮茎（或高茎）的花 ♂

人工异花传粉

　　根据 8 年的仔细观察和数据统计，孟德尔于 1866 年发表了论文《植物杂交试验》。在这篇论文中，孟德尔提出了"遗传因子"的概念。当时的孟德尔并不知道 DNA 的存在，也不知道用基因来形容他的发现，不过，他证明了有一种东西决定了植物的下一代应该长成什么样。

遗传因子在哪里

孟德尔没有证明的内容很快就被其他科学家发现了。1879 年，德国生物学家华尔瑟·弗莱明发现，细胞核内有一种物质可以被碱性染料染成深色。在细胞不分裂的时候，它们像一团乱麻一样看不到头和尾，弗莱明称其为染色质。

当细胞准备分裂的时候，这些丝状的染色质会不断地螺旋缠绕，变短变粗，最终形成圆柱状或者杆状的染色体。这些染色体散落在细胞核中，很容易被观察到。

在大部分时间中，染色体并不是我们通常所描述的"X"形，它更像是一大团"意大利面"。当染色体成为"X"形时，就意味着左右两侧的染色单体要分开了。

美国生物学家萨顿和鲍维里在研究中发现，染色体在细胞内总是成对存在的，并推测遗传物质位于染色体上。1928 年，美国生物学家托马斯·摩尔根在用果蝇做实验的过程中，发现果蝇眼睛的颜色是红色还是白色与特定的染色体有关。这在一定程度上证明了遗传因子存在于染色体上。

1956 年，美籍华裔遗传学家蒋有兴和阿尔伯特·莱文 (Albert Levan) 首次证明人的体细胞染色体数目为 46 条。这 46 条染色体按大小、形态配成 23 对。第 1 对到第 22 对叫作常染色体，为男女共有，第 23 对是一对性染色体，男女的性染色体不同，男性由一个 X 性染色体和一个 Y 性染色体组成 XY 染色体，女性则由两个 X 性染色体组成 XX 染色体。性染色体决定了性别，而常染色体则决定了除性别外的其他特征。

生殖细胞在形成卵细胞或精子时，会发生减数分裂，原来配对的两条染色体会分开，分别进入新的生殖细胞中，同时染色体的数目由 23 对变成了 23 条，刚好减少一半。所以卵细胞和精子各有 23 条染色体。当卵细胞和精子融合形成受精卵时，又变成了 23 对，这样不仅可以维持细胞内的染色体总数不变，也保证了孩子的每一对染色体都有一条来自父亲、一条来自母亲。

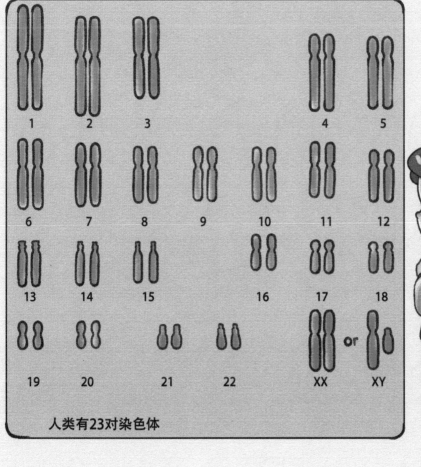

人类有23对染色体

确认遗传物质

虽然科学家知道了遗传因子的储藏位置，不过仍然有一个谜题尚未揭开——所谓的遗传因子，究竟是什么东西呢？它是由什么构成的？它又是如何工作的？答案一直到 1944 年才被揭开。加拿大生物学家奥斯瓦尔德·艾弗里和同事共同发现，DNA 是染色体的主要化学成分，带有遗传信息的 DNA 片段被称为基因。

1928 年，英国的弗雷德里克·格里菲斯进行了一个著名的实验。他在老鼠体内测试了两种肺炎双球菌，一种表面粗糙（R 型，无毒），另外一种表面光滑（S型，有毒）。格里菲斯认为，被加热杀死的 S 型菌存在一种"转化因子"，它能把 R 型菌转化成 S 型菌，使小老鼠患病而死亡。

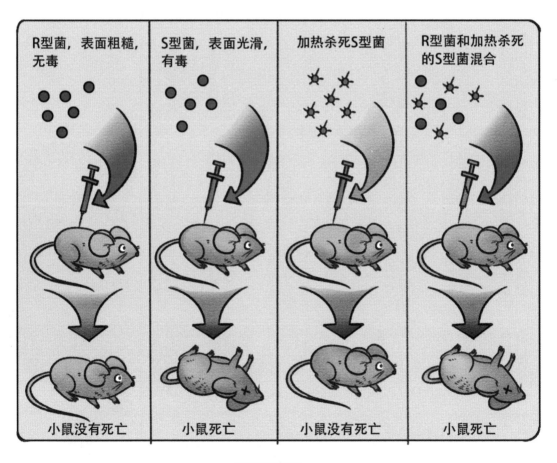

格里菲斯实验

1944年，艾弗里又对S型肺炎双球菌进行研究。他分别提取出S型菌的DNA、蛋白质和荚膜物质，并将它们分别与R型菌一起培养。他发现，只有DNA与R型菌共同培养的时候，R型菌才会转化成S型菌。如果加入一种酶把DNA降解掉，R型菌就不再转化成S型菌了。S型菌的DNA就是"转化因子"，它把没有毒性的R型菌转化成有毒的S型菌。DNA就是科学家一直寻找的遗传物质。

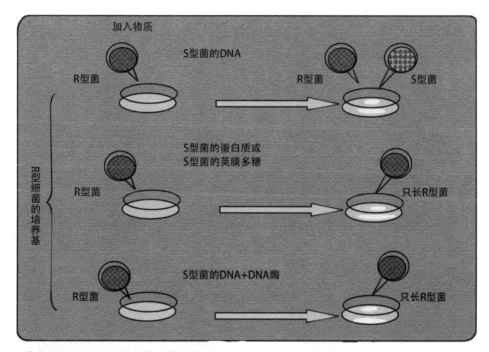

艾弗里证明DNA是遗传物质的实验

科学家很快发现了DNA的更多性质。他们不仅知道了不同生物拥有不同的DNA，而同种生物的同一个体细胞中的DNA相同，而且知道DNA是由四种被称为"核苷酸"的基本化学物质组成。

不过，科学家仍存有疑问，为什么化学物质的组合可以产生这么复杂的功能呢？这个谜题随着DNA双螺旋结构的发现而陆续地被揭开。

拼出 DNA 全貌

关系复杂的四位科学家

染色体于 1888 年被命名。科学家摩尔根和他的同伴小心翼翼地观察果蝇在遗传方面任何微小的变化。他们研究出了某些特点和特定的染色体之间的相互关系，并证明了染色体在遗传过程中的关键作用。

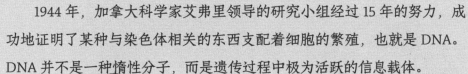

1944 年，加拿大科学家艾弗里领导的研究小组经过 15 年的努力，成功地证明了某种与染色体相关的东西支配着细胞的繁殖，也就是 DNA。DNA 并不是一种惰性分子，而是遗传过程中极为活跃的信息载体。

那时候科学家的设想是，如果能够确定 DNA 的分子结构，就能够明白它究竟是怎样完成它所做的一切的。

历史的使命落到了四名英国科学家的身上。他们是莫里斯·威尔金斯、罗莎琳德·富兰克林、弗朗西斯·克里克和詹姆斯·沃森。这四名科学家不在一个小组内，但他们之间有着复杂的关系。

威尔金斯和富兰克林

在这四个人中，罗莎琳德·埃尔西·富兰克林是最富神秘色彩的一位。沃森将富兰克林描绘成一名不可理喻、守口如瓶、不善于合作、故意不想有女人味的女人。她因成功运用 X 射线衍射技术研究煤炭结构而享有盛名。伦敦大学国王学院聘请她前去任职并使用这个技术研究 DNA 的结构。在破译 DNA 结构方面，富兰克林通过 X 射线衍射技术获得了最好的图像，但她拒绝与别人一起分享自己的研究成果。

X 射线衍射技术应用于规则且重复结构的晶体中。当 X 射线遇到晶体分子时会向不同方向弯折，散射的方向由原子排列的位置决定。由改变方向的 X 射线形成的图像被称为衍射图，这类图像可以用一种感光纸捕捉到。如果晶体分子中的原子有规则地排列，其生成的图像将是清晰的、互不干扰的点。不同的晶体结构收获的 X 射线衍射的图像不同。

科学家之所以使用 X 射线而不使用一般光线，是因为 X 射线的波长比分子小，而可见光的波长比 DNA 分子要长得多。使用可见光来观察分子，就好比用米尺来测量跳蚤腿的长度！科学家虽然无法直接看到构成晶体的原子的情况，但可以通过 X 射线衍射图形重构晶体的结构，有点儿像通过影子长度来测量一个人的高度。

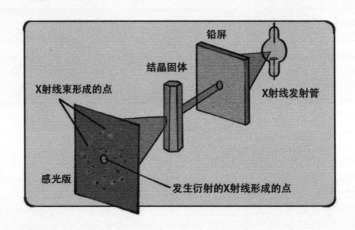

当时，英国生物物理学家莫里斯·休·弗雷德里克·威尔金斯也已开始用 X 射线衍射技术研究 DNA。威尔金斯和他的博士生雷蒙德·葛斯林抱着试一试的心理做了实验，没想到获得了一幅规则的图片。这说明要了解 DNA 的结构，X 射线衍射法是至关重要的方法。

1951 年 1 月，富兰克林来到国王学院时，威尔金斯以为自己可以与富兰克林合作研究，并监督、指导富兰克林的工作。不过很遗憾的是，富兰克林坚持独立研究，拒绝与他人合作。不久，他们之间的关系变得水火不容，无法合作共事。

在 20 世纪 50 年代的国王学院，女性研究人员备受歧视。不管她们的职位有多高、成果有多显著，她们都不会被允许进入学院的高级休息室，甚至不得不在一个简陋的房间里就餐。因此，富兰克林把自己的研究成果锁在了抽屉里。

沃森和克里克

距离国王学院 80 千米外的剑桥大学卡文迪许实验室，美国科学家詹姆斯·沃森与研究生弗朗西斯·克里克已经开始进行共同研究。事实证明，他们之间的合作友好而富有成效。他们知道，诺贝尔奖属于最先公布 DNA 结构的研究小组。因此，他们决定充分运用所能得到的每一条信息来构建 DNA 分子模型。

他们已经掌握的信息有：DNA 是由核苷酸组成的长链分子，核苷酸包含嘌呤碱或嘧啶碱、核糖或脱氧核糖以及磷酸三种物质，核苷酸很可能就是以其中某些物质作为主链而形成的。他们还知道目前总共有四种不同的碱基——两个嘌呤（腺嘌呤和鸟嘌呤）和两个嘧啶（胸腺嘧啶和胞嘧啶），其缩写形式分别是 A、G、T、C，并且这四个碱基都是平面分子。此外，他们还从奥地利生物化学家欧文·查戈夫那里获悉，A 的数量等于 T 的数量，C 的数量等于 G 的数量。另外，还有威尔金斯 1951 年 5 月在意大利分享的成果——DNA 具有重复性的结构。

沃森和克里克无法像富兰克林和威尔金斯那样使用 X 射线衍射方法开展研究，他们没有高质量的 DNA 样本。两人选择了另外一条路，就是用他们获得的线索，将原子一个个地拼凑起来，形成假设的 DNA 结构，快速判断其化学连接是否合理，然后调整，形成新的假设。这种方法所获得的成果必然带着"偶然性"。

在关于破译 DNA 的普遍说法中，克里克和沃森赢得了最大的喝彩，但是他们的突破是建立在竞争对手的研究成果基础之上的，至少在开始阶段，威尔金斯和富兰克林两位学者已经走在了前面。

富兰克林和沃森

在剑桥大学的 DNA 结构研究中，有一条关键的线索来自富兰克林的研究成果。如前所述，沃森和克里克的研究方法需要 X 射线衍射图作为基础，他们一直关注任何有关 DNA 结构的研究。当沃森听说富兰克林准备在伦敦大学分享她的研究成果时，他立刻决定前往。

1951 年 11 月，富兰克林发布了她最新的研究成果。当年的整个夏天，富兰克林和葛斯林一起用她研发的衍射技术，测试不同湿度下 DNA 的样本。在干燥环境中，DNA 束显得更粗，呈现为多个散落的黑色斑点，因为更像晶体，所以获得的图片更清晰；当湿度增加时，DNA 束拉长，虽然图像模糊，但黑色斑点的排列方式较为简单，更容易解读，一个"X"形呈现出来了。干燥的 DNA 衍射形状被命名为 A 型，湿润的被命名为 B 型。而威尔金斯在 1950 年底获得的图片是两种 DNA 形状的混合。

富兰克林向大家展示了 DNA 的两种图片，并指出，是吸附在 DNA 分子周围的水量变化导致的这种结果。她还推测了组成 DNA 的原子之间的距离。

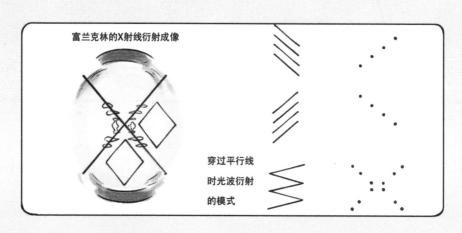

富兰克林的X射线衍射成像

穿过平行线时光波衍射的模式

沃森根据他在研讨会上听到的富兰克林的演讲内容和记忆，认为已经掌握了足够多的证据，便迫不及待地与克里克开始制作DNA模型——一个三螺旋结构的模型，通过镁离子连接组成链条，在中间形成DNA分子链的骨架。

不过，当富兰克林跟随研究团队到卡文迪许实验室观看这个模型时，她立即指出了模型的错误：首先，没有研究表明DNA中含有镁；其次，也是最致命的错误，如果镁离子存在，会和水分子结合，不可能成为DNA分子的骨架。

于是，沃森和克里克继续修改他们的模型，而富兰克林则开始专注于有疑问的A型衍射图。她的想法是：先从A型上获得尽可能多的信息，再去研究B型。

1953 年 2 月底，沃森拜访威尔金斯，希望能够得到富兰克林的最新研究成果。威尔金斯向他展示了几天前刚从富兰克林那里得到的"51 号"照片。那是富兰克林数月前拍摄的 DNA 的 B 型衍射照片，但她一直将其保存在抽屉里。

威尔金斯将富兰克林拍摄的"51 号"照片展示给沃森，但他显然没有得到富兰克林的许可。多年以后，沃森承认这是"具有决定性意义的一件事"。

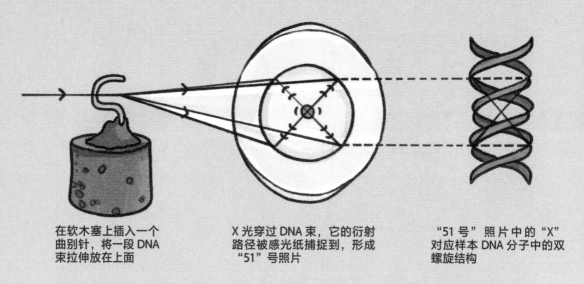

在软木塞上插入一个曲别针，将一段 DNA 束拉伸放在上面

X 光穿过 DNA 束，它的衍射路径被感光纸捕捉到，形成"51"号照片

"51 号"照片中的"X"对应样本 DNA 分子中的双螺旋结构

懂得解读 DNA 的人一看便知，图中斑点所呈现的"X"形有力地证明了 DNA 分子是双螺旋状结构的分子。富兰克林当然明白这一点，但是由于 A 型没有呈现双螺旋状的图像，在未做进一步研究之前，她没有下任何结论。

然而，沃森看到"51号"照片的那一刻，立即意识到自己找到了研究DNA分子结构的关键依据。随后，沃森和克里克又想办法从资助富兰克林研究的委员会处获得了没有公开的最新报告，找到了更完整的数据。短短几天内，沃森和克里克构建出了自己的DNA模型，从而破解了遗传密码。互补的双链形成梯子的两边，扁平的、紧密排列的碱基形成梯级。

1953年4月25日，《自然》杂志刊登了由沃森和克里克合作撰写的一篇约900字的名为《DNA的一种结构》的文章。在同一期杂志中，还刊登了威尔金斯和富兰克林撰写的文章。

诺贝尔奖"三缺一"

当富兰克林看到沃森和克里克的模型时，她对眼前的 DNA 结构赞赏不已。而对输掉这场"比赛"，富兰克林从来没有流露出一丝的失望之情，因为对她来说，这本来就不是一场比赛，而是一次探索真相之旅。

此后不久，富兰克林跳槽到伦敦大学伯贝克学院。1958 年，37 岁的她罹患癌症去世。人们认为她的癌症是因为在工作时长期接触 X 射线导致的，这本来是可以避免的。

由于诺贝尔奖不授予已经过世的人，因此 1962 年的诺贝尔奖最终颁发给了发现 DNA 分子结构的沃森、克里克和威尔金斯。

沃森认为，如果富兰克林当时还健在的话，她很可能会取代威尔金斯的位置，分享诺贝尔奖的荣耀，因为诺贝尔奖从来没有就一次发明同时颁发给三人以上。如果她和威尔金斯的关系更友好一点，那么这一发现或许会来得更早一些，她也有可能亲眼看到自己毕生的心血结出的硕果。

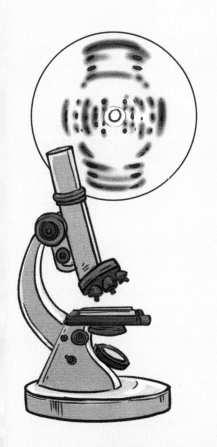

富兰克林始终不知道自己的研究在发现DNA结构中所起到的巨大作用，因为她不知道沃森和克里克看到过她拍摄的照片和那份当时还没有公开的报告。

沃森和克里克的发现，实际上到了 20 世纪 80 年代才最终得到确认。正如克里克在他的书中所说的："我们的 DNA 模型从被认为是有道理的，到最终被证明是完全正确的，经过了 25 年的时间。"

DNA 大事记

1865 年 孟德尔通过豌豆实验发现遗传定律。

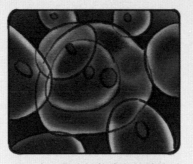

1869 年 米歇尔首次从细胞中分离出"核素"，也就是核酸。

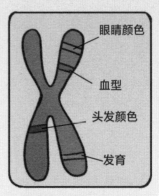

1909 年 威廉·约翰逊创造"基因"一词，定义了孟德尔所说的"遗传因子"。

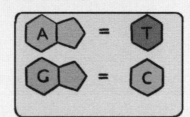

1950 年 查格夫发现在 DNA 的四种碱基中，A 与 T 等量，C 与 G 等量，从而发现了碱基配对规律。

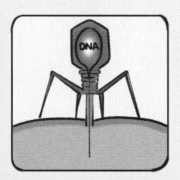

1952 年 阿弗雷德·赫希与马沙·蔡斯发现，病毒感染细菌时仅 DNA 进入细菌，从而证明了基因是由 DNA 构成的。

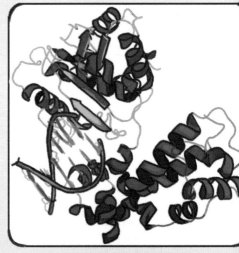

1959 年 阿瑟·科恩伯格与赛维罗·奥乔亚发现在 DNA 和 RNA 的生物合成过程中存在聚合酶。

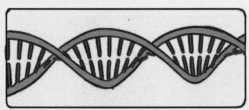

1953 年 沃森与克里提出 DNA 的双螺旋结构。

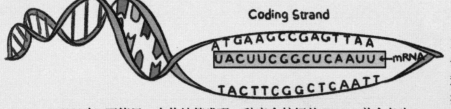

Coding Strand

ATGAAGCCGAGTTAA
UACUUCGGCUCAAUU ←mRNA
TACTTCGGCTCAATT

1961 年 西德尼·布伦纳等发现一种寿命较短的 RNA，并命名为信使 RNA（mRNA）。mRNA 把 DNA 的遗传信息带到核糖体。

1972 年 莱德伯格等把一种猿猴病毒的 DNA 和 λ 噬菌体的 DNA 连接起来，标志着基因克隆技术的诞生。

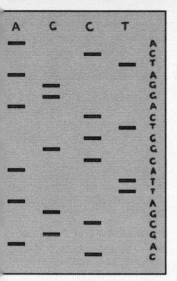

1977 年 弗雷德里克·桑格等发明 DNA 测序的方法。

1990 年 "人类基因组计划"由美国科学家提出

1995 年 第一个细菌（流感嗜血杆菌）的基因组测序完成。

1996 年 世界上第一头克隆羊"多莉"在英国诞生。

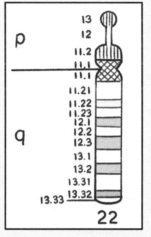

1999 年 第一条人类染色体（第 22 号染色体）测序完成。

2001 年 人类基因组工作草图发表。

2002 年 小鼠成为世界上第一种完成基因组测序的哺乳动物。

2004 年 韩国和美国科学家克隆出人类早期胚胎，并从中提取出胚胎干细胞。这是科学家首次利用克隆技术获得人类胚胎干细胞。

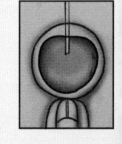

2007 年 马里奥·卡佩基、奥利弗·史密斯和马丁·埃文斯的一系列突破性发现为"基因靶向"技术的发展奠定了基础。

2009 年 伊丽莎白·布莱克本、卡罗尔·格雷德和杰克·绍斯塔克发现端粒和端粒酶是如何保护染色体的。

20世纪60年代后期，科学家开始逐渐明白DNA与生物之间的关系。他们已经认识到DNA掌握着合成蛋白质的信息，而正是蛋白质组成了生物。合成蛋白质所需的信息藏在被人们称为"基因"的DNA遗传单位，一般说来，一个基因掌握用来合成一个蛋白质的信息，少有例外。而另一批不包含制造蛋白质指令的则被称作"非编码DNA"。

一个生物体内的所有DNA组成了基因组，它包含生物的全部遗传信息。确切来说，一套染色体中的完整的DNA序列就是一个生物体的基因组。

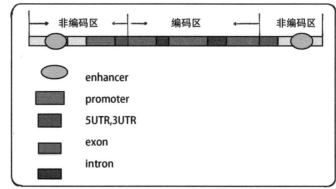

分子生物学在20世纪70年代的逐步发展，使科学家越来越多地了解了基因，并且越来越清晰地意识到基因的重要性。即便只有一个基因发生了问题，也能够导致人生病甚至死亡。科学家推断，如果能够了解基因为什么会出问题以及基因中出现的问题是如何致人生病的，就可以弄清如何修复这些基因中出现的问题，从而治愈这些问题引发的疾病。

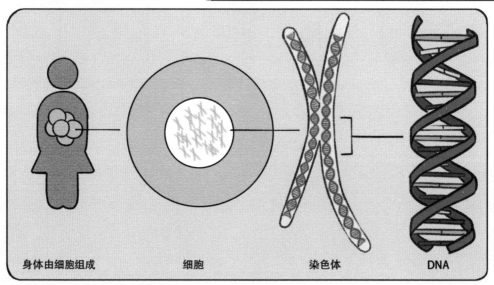

到 20 世纪 80 年代，科学家已经意识到，可以利用这项发现治愈许多疾病，甚至是改变人类基因，创造出对人更加有利的特性。基于此，那个时期的首席科学家开始着手制定解码整个人类基因图谱的计划。许多科学家在获悉这项计划后热血沸腾，但与其他任何一个大的科学项目一样，也有一些科学家对此持怀疑态度。

在 20 世纪 80 年代，基因序列要靠人工排序，一名科学家一周只能为大约 1000 个 DNA 碱基对排序。人类基因组包含了 30 亿个 DNA 碱基对，这意味着如果依靠 20 世纪 80 年代的早期技术，一名科学家要花上超过 5000 年的时间才能完成对整个人类基因组的排序！因此，当时许多科学家认为，为这么多 DNA 排序是件不可能完成的任务，只是白白浪费资源而已。

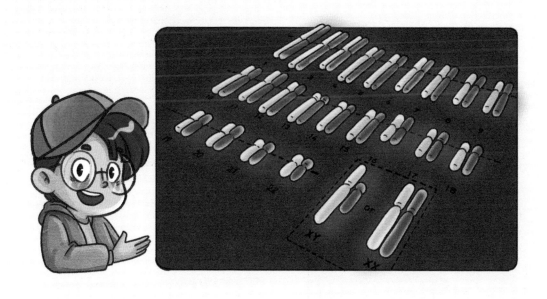

另一个困扰科学家的难题是：当时的科学家清楚地知道他们需要处理大量数据，但如果没有得力的计算机协助他们建立一个可用数据库的话，他们该如何分析这么庞大的数据呢？即使是当时世界上最高精尖的超级计算机，都还不如现在的一台普普通通的笔记本电脑好使。

不能仅仅因为你不理解，就叫我们"垃圾"。

跨国大工程

虽然存在诸多困难，但"人类基因组计划"还是于20世纪90年代正式启动。该计划预计耗资30亿美元，在15年内绘制出一幅完整的人类基因组序列图。序列图描绘的是人类基因组中每一个DNA的基础排序。

"人类基因组计划"最早由詹姆斯·沃森担任主管。沃森表示："我有幸让我的科学生涯从双螺旋跨越到30亿步的人类基因组。"

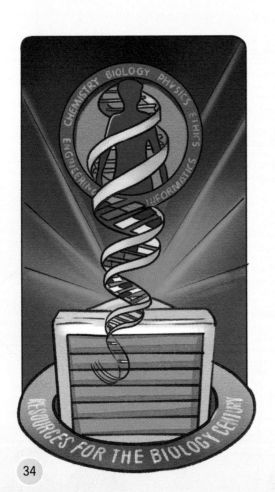

在美国能源部和国家卫生研究院正式启动"人类基因组计划"后，英国、日本、法国、德国、中国和印度等国先后加入。为了协调各国的人类基因组研究，1988年国际人类基因组组织（HUGO）成立。

科学家从捐献者中随机选出两名男性和两名女性，并从他们血液中的白细胞里分离出 DNA 进行研究。由于投入力量巨大，DNA 排序工作进展迅猛。一开始由科学家人工排序，一个月才能研究几千个 DNA 碱基对；后来利用计算机自动排序，几小时就能为几万个 DNA 碱基对排序。

```
530408   AGTCTTCCAAAGTGCTGGGATTACAGGCGTGAGCCACAATCCTAAT GTTTAAATGGGCAA
530409   AAGATTTGAACAGACAGTTCACCAGAAAGATATACGGATATATGGATAAGCACGTGAGAA
530410   GATGCTCTAACATCTTTAGTCTTTAGTCATTAAATGCATTAAAACCAGTATGAGGTACCATT
530411   ACACACTTATTACAATGGCTAAAATTAGAAGAGACCTGTCATGCCAAGTGATGATGTTGTG
530412   AAGCAGCTGAAACTCATATGCACTACTGTGGAAATGTCAAATGGTGCAACTGACTTTGGAA
530413   AACAGTTTGGCAGTTTCTTAAAAGTTAAAAATATCGGTCTACCACCAGTCATTCCAGCCTTA
```

1998 年，一个名叫克雷格·文特尔的人找到参与"人类基因组计划"的科学家。他声称自己可以通过使用一种略微不同的方法更快速、更省钱地完成"人类基因组计划"。他还声称，他的公司——塞莱拉基因技术公司——只需要原计划 1/10 的资金，就能实现"人类基因组计划"想要实现的目标。为了证实自己所说不虚，他利用自己的方法为果蝇的基因组进行了排序。这次排序行动激励了参与"人类基因组计划"的科学家们。他们决心加快绘制人类基因组序列图的进度，绝不允许自己输给一家民营公司。

于是，人类基因组序列图的草稿公布时间比计划时间提前了。2001 年 2 月，由美国政府出资支持的"人类基因组计划"小组和塞莱拉基因技术公司各自发布了一幅人类基因组序列图。2002 年，双方又发布了后续序列图。此时，大部分基因组的排序工作已经完成。

人类基因时代来临

"创造一个基因组"的概念得以实现，拉开了基因时代的序幕。科学家们陆续对实验室中的生物的基因组进行了排序。

这一科研成果在某种程度上为医学界带来了诸多进步。然而，也产生了一些问题。开展基因治疗因曾致人死亡或诱发其他并发症而屡屡受挫。尽管如此，基因学一直在以惊人的速度迅猛发展着。

基因通过指导蛋白质的合成来表达自己所携带的遗传信息。人类体内的基因组共有 20000 多个基因，只有其中一小部分能表达自己所携带的遗传信息。这就解释了为什么一个肌肉细胞和一个神经元虽然具有完全相同的基因组，但特性却大不相同。

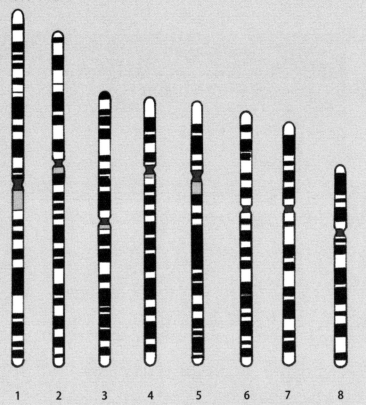

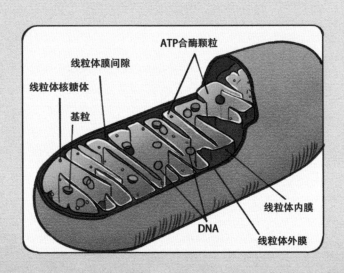

ATP合酶颗粒

线粒体膜间隙

线粒体核糖体

基粒

线粒体内膜

DNA

线粒体外膜

科学家通过研究在某种特定环境下、在某个特定细胞中的所有基因，可以确定哪些基因对细胞维持健康状态至关重要，也可以确定哪些基因有可能会使人生病。

人类基因学下一阶段的任务是比较不同个体中的不同基因组。最开始，只有两个版本的人类基因组序列图被公之于众，即政府支持的"人类基因组计划"的版本以及塞莱拉基因技术公司的版本。事实上，每个人的基因组与其他人的都存在着细微差别。正因为如此，每个人都是与众不同的个体。

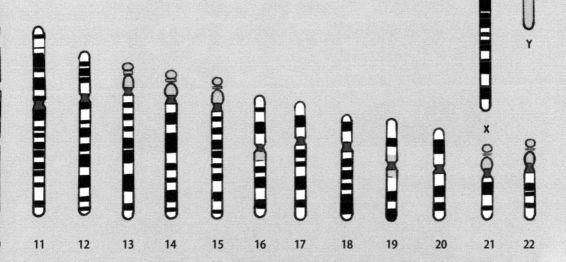

一家名为因美纳的公司近期推出了一台机器，利用这台机器，人们只需花费大约 1000 美元便可以在三天内获得一幅基因组序列图。未来绘制基因组序列图所花费的金钱和时间将继续减少。较少的时间和较低的金钱成本使科学家能够更加便捷地研究个体基因之间的关系及其重要性，而在这一问题上取得的研究成果将使医学界获得更多重要发现。

追寻我们的祖先

我们可以通过史料记载、文物研究追溯一个民族的源起。我们还想追溯更远古的祖先——生活在地球上的人类的祖先。

很多科学家认为，现在的地球人，也就是我们所说的现代智人，都来自同一个物种。追认这么远古的祖先，无法依靠史料或是一般的遗迹。我们现在有了更加精确有效的科学方法，那就是基因分析法。

达尔文生物进化理论的两大学说是：自然选择学说和共同由来学说。而共同由来学说强调的是，地球上的全部生物都是从一个单独的起源演变而来的。人类是有共同祖先的，而且我们的共同祖先是采用精子和卵子结合的方式繁衍后代的。

38

地球上的每个人都有生物学上母亲和父亲，如果从我出发，把我所有的父母、祖父母、曾祖父母及外祖父母、外曾祖父母等祖先罗列出来会使问题变得很复杂。而单独考虑母系或者单独考虑父系就可以大大简化"寻亲"过程。单考虑母系时，因为我只有一个生物学上的母亲，也只有一个生物学上的外祖母，依此往上类推，一路都是单线，条理就会很清楚了。

除了细胞核里的基因组，我们每个人还有第二个基因组。这个基因组不在细胞核里，而是在细胞质内的小小线粒体里。

线粒体基因组是一个环状的 DNA 分子，由 16569 个碱基对组成。线粒体基因只能由卵细胞传递给后代，而不能通过精子传递。这就是说，你的线粒体 DNA 是从母亲那里继承的。同样，你母亲从你的外祖母那里继承线粒体 DNA，你外祖母从你的外曾祖母那儿继承线粒体 DNA……

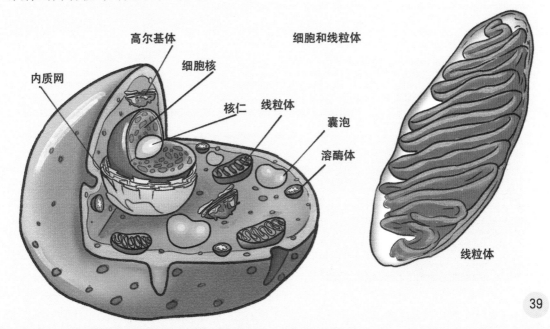

细胞和线粒体

内质网　高尔基体　细胞核　核仁　线粒体　囊泡　溶酶体

线粒体

寻找"线粒体夏娃"

如果我们追踪的世系足够远，就能够找到所有现代人在远古时期共同的母系祖先，所有母亲的母亲是我们现代地球人共同的远古外祖母，也被称为"线粒体夏娃"。

为了理解这个说法，我们不妨假设一个女人有两个女儿：夏娃和格蕾丝。两个女儿都继承了母亲的线粒体DNA。夏娃和格蕾丝长大后各生了一个孩子：夏娃生了一个女孩，格蕾丝生了一个男孩。只有夏娃的女儿能够将她的线粒体基因组传递给下一代。格蕾丝的儿子不能向后代传递他的线粒体基因组，但是可以传递他的核基因组。需要指出的是，和远古外祖母生活在同一时代的其他人都对现代人的核基因库有所贡献。

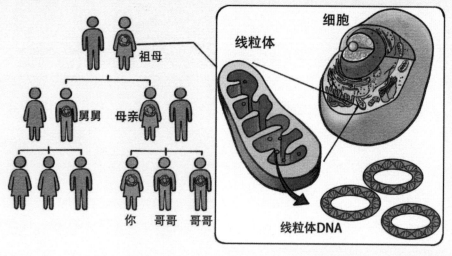

我们还可以通过另一个极端的例子来说明：假设一名育龄女性正在一处极深的地下空间里，这时地面上遭受了外星的强烈辐射，地面每一名女性的遗传物质都遭受到了不可逆的损伤，使得她们和她们女儿的流产率都比原来增加了。只有这名处在地下空间的女性和她的后代幸免于难。她的生育力比其他人有显著的优势，后代数量也越来越多，终于在10万年后，她的后代占领了全球，她就是我们的"线粒体夏娃"。

分子人类学家已经排列出了来自世界各地的人的线粒体 DNA 序列。他们发现，基因在复制过程中发生变化在特定的地理区域中很普遍。通过追踪这些变化在地域间的传播，科学家就能追踪到人类的迁徙路线。

每次细胞分裂都伴随着基因复制。大多数复制品和它的原型是一模一样的，但是有时候复制过程中会发生改变，这种现象被称为"基因突变"。基因突变发生的概率很小，但是一旦发生，就会代代相传并逐渐积累。

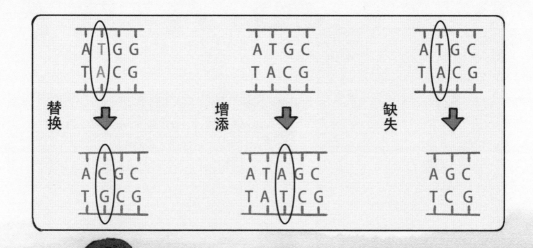

我们可以把发生突变的时间看作一个分子时钟，用来估计两个人群分开时的年代。这个时钟的运行速度在科学界的争议很大。科学家根据分子时钟估算出"线粒体夏娃"生活在距今 15 万 ~ 25 万年以前。

不过，更新的研究和更广泛的基因采样使"线粒体夏娃"生活的年代大大往后推移。据美国斯坦福大学研究小组的分析，"线粒体夏娃"起源于距今大约 9.9 万 ~ 14.8 万年前。

"Y 染色体亚当"

人体的细胞核内有两个染色体组，一组来自母亲，一组来自父亲。这两组染色体共同组成了核基因组（存在于细胞核内）。每个染色体组中有 23 对染色体。只有男性才有 Y 染色体。就像能通过线粒体 DNA 追踪到我们的母系祖先一样，父系祖先也可以通过 Y 染色体追踪到。

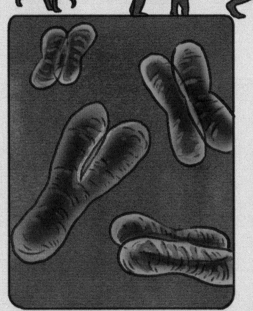

150KYA

DE

目前已知的距人类最近的"共同父亲"的线索是美国耶鲁大学的道里特等三名研究人员发现的。他们通过对世界各地不同种族的 38 名男性的 Y 染色体的基因进行分析后发现，在这些男性的 Y 染色体的 ZFY 基因区，38 人的 DNA 序列竟

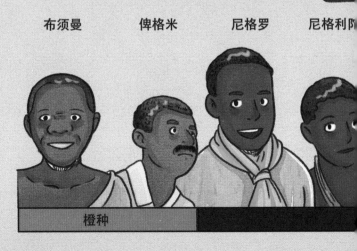

布须曼　　　俾格米　　　尼格罗　　　尼格利陀

橙种

然完全相同。然而，这 38 名男性根本没有任何的亲戚关系，难道这些男人是过去某个帝王巡游或征战世界时在各地留下的后裔吗？

通过对 ZFY 和 SRY 等基因的研究及推论，他们得出人类最近的"共同父亲"——"Y 染色体亚当"——是距今大约 27 万年前，生活在非洲的一名男性。

研究人员对"Y 染色体亚当"出现的年代产生了不同的结论，尚未在学界形成定论。有的认为"Y 染色体亚当"出现在距今大约 10 万年前，有的认为"Y 染色体亚当"出现在距今大约是 20 万年前。

至于"Y 染色体亚当"比"线粒体夏娃"年轻的原因，科学家们认为，在现代人类的早期，能够繁衍后代的男性比女性少。许多男性没有机会将他们的 Y 染色体传递给子孙后代。在"线粒体夏娃"之后有很多 Y 系，但是这些独一无二的 Y 系陆续灭绝了。当"线粒体夏娃"已经分化出很多分支时，只有一个 Y 系保留了下来，并传递给后代中的所有男性。

人类学中最大的一个未解之谜是，现代人类究竟是由一小部分来自非洲的人族进化而来的（被称为"非洲起源说"），还是由居住在欧亚大陆上的包括尼安德特人在内的不同的早期人族在同一时期各自分别进化而来的（被称为"多地起源说"）？

为了弄清楚这个问题，分子人类学家检测了距今 3.8 万年前的尼安德特人骨骼上的线粒体 DNA 序列。通过与现代人类的线粒体 DNA 进行对比，分子人类学家

尼安德特人
复原想象图

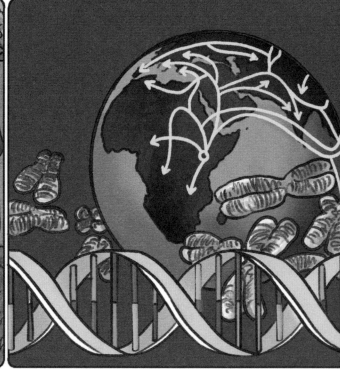

估计，尼安德特人和现代人类大约在距今 66 万年前分开，这比"线粒体夏娃"生活的时代要久远得多。这个结果证明了"非洲起源说"。

现代人类仅起源于东非是现在科学界比较主流的观点。科学家根据基因与化石证据，推测早期智人只存在于距今 20 万年到 15 万年前的非洲。有一支智人在大约距今 1.25 万年到 6 万年间离开非洲，经过一段时间，替代了先前存在于非洲以外地区的早期人类群体，例如尼安德特人与直立人。

分子人类学家用 DNA 回答了"我们是谁"这个最基本的问题。我们拥有共同的祖先以及共同的基因史。简而言之，我们都来自同一个家庭。无论什么时候，当看到有人需要帮助时，我们都应该记得：我们是一家人。

控制基因来治病

人类的许多疾病与基因组成有关。基因是如何让人患病的呢？很多疾病与蛋白质的异常有关，包括蛋白质水平（含量）不足或者蛋白质本身的异常。而蛋白质的合成由基因决定。在每个人的细胞内，有 23 对染色体，其中一半来自父亲，一半来自母亲。处在染色体同一位置上的两个基因是等位基因。当这对基因中的一个或两个发生突变时，突变的基因无法合成正常水平的蛋白质，蛋白质缺乏会导致疾病的发生。另一种情况是，当一个人继承了一个突变基因，生成了异常的蛋白质，进而会干扰细胞的正常工作。

理论上说，治疗由基因引起的疾病应该是件容易的事。医生只需将某个细胞中"坏掉的"蛋白质替换或直接移除，这个细胞就又可以正常工作了。但事实却并非如此。

如果疾病的发生原因是基因突变导致的蛋白质异常，科学家只需要替换或移除这个导致蛋白质异常的基因就可以了，这就是传统意义上的基因疗法。

这种做法并不高效。医生首先需要找到制造麻烦的基因，然后锁定问题细胞，将正常的基因注入细胞，这些基因在进入细胞后便可合成正常的蛋白质。比如，人体内有一类可以产生细胞的细胞，它们是细胞的源头，被称为干细胞。其中能生成红细胞、白细胞和血小板等各种血细胞的干细胞被称为造血干细胞。如果一个人出生时造血干细胞发生基因突变，人体无法产生足够多的免疫细胞，就会患上重症联合免疫缺陷。很多患有重症联合免疫缺陷的病人在出生后不久便会去世。骨髓移植是治疗这种疾病的常规方法，但是很难找到匹配源。

基因疗法是治疗这类疾病的有效的替代方法，它只需把治疗基因注入造血干细胞中，就能产生足够的免疫细胞。这个过程听上去不难，但如何将基因准确地注入细胞呢？科学家想到可以通过载体把基因带进细胞的物质，同时不会破坏细胞！

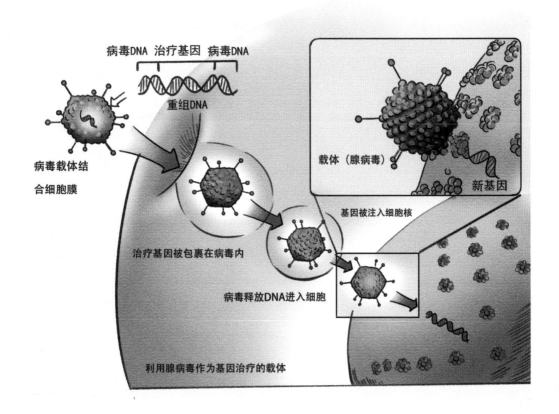

病毒就是这种天然的载体，它可以将自身的遗传信息注入宿主细胞。但是，病毒本身会致病。因此，科学家要先将病毒的致病部分失活，同时确保病毒仍能把DNA注入宿主细胞。接着，科学家要把治疗基因注入病毒，再将病毒注入细胞。如果操作成功，治疗基因就可以指导蛋白质的合成了。

意外情况

用基因疗法治疗疾病的整个过程看起来很完美，但是，也有风险和例外。首先，基因疗法只能治疗由单个基因突变导致的疾病。其次，使用载体的环节也可能出现注入细胞质内的治疗基因被降解，或者细胞的分裂含量降低导致最终疗效降低等问题。再次，在将一个基因注入基因组 DNA 时，注入的过程是随机的，一旦它发生在 DNA 的编码区，可能会破坏另一个基因。如果被破坏的基因恰好决定细胞是否正常工作，那么这种基因注入对于细胞来说将是致命的。最后，基因疗法最大的隐患在于人体对病毒载体的免疫反应。虽然科学家已经处理过病毒的致病特性，但人体的免疫系统仍会将其视为有害物质，随之产生的免疫反应也可能会使人致命。

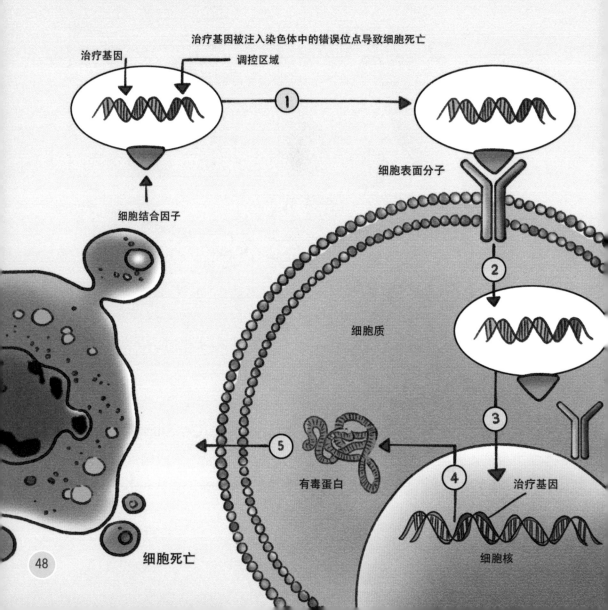

治疗基因被注入染色体中的错误位点导致细胞死亡

治疗基因

调控区域

细胞表面分子

细胞结合因子

细胞质

有毒蛋白

治疗基因

细胞核

细胞死亡

科学家已经了解到基因疗法存在的问题和局限性，正在尝试避免其负面效应。相信在未来，这些问题将得到妥善解决。最有可能对未来产生积极影响的治疗手段是个性化医疗。医疗机构可以根据个人的基因序列，为他量身打造一类特定的药物，用来预防或治疗某些基因疾病。

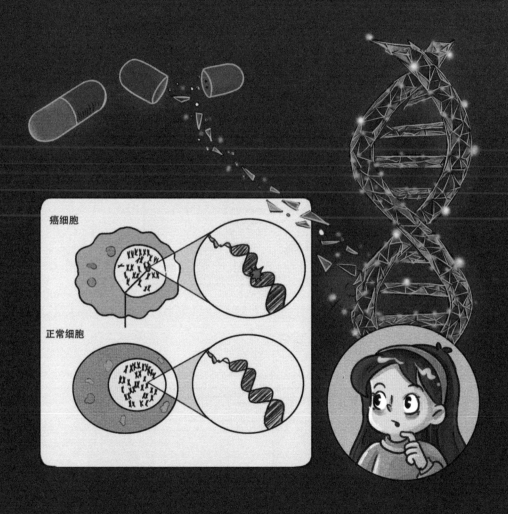

个性化医疗在"人类基因组计划"完成时就备受瞩目，不过直到最近才出现突破性的进展。一个人细胞内的全部基因被称为基因组。由于人类基因组以及基因之间的相互作用非常复杂，人类直到最近几年才破解了其中的部分奥秘。但在不长的时间内，相关领域的突破已经使科学家可以用相对较短的时间和较少的成本对人类的基因组进行测序。

诊断疾病和定制药物

日常就医时，医生通常需要根据检查结果对病情作出判断。比如，许多疾病的初期症状是头疼、发烧或腹泻。医生要花费大量时间才能确定病人到底得了哪种病。

在个性化医疗中，医生只要研究病人的基因档案就可以确定病人可能患了哪种疾病。病人需要提供组织样本、血液或者其他体液进行检测，医生分析和识别其中的生物标记，然后根据生物标记，有针对性地选择药物。

在目前的医疗体系中，药物的研发和市场推广需要消耗大量资金。每次药物结构的修改都需要额外投入资金。因此，制药厂一般只生产一种成分固定的药物，能对大多数人有效且副作用最少。在目前的确诊程序中，这些大众化药物并没有表现出明显的问题。

但是，并不是每个人对药物的反应都一样，有些人对药物更敏感，有些人代谢药物的速度更快，有些人或许比其他人更易产生副作用。而这些不同都是由个体基因导致的。

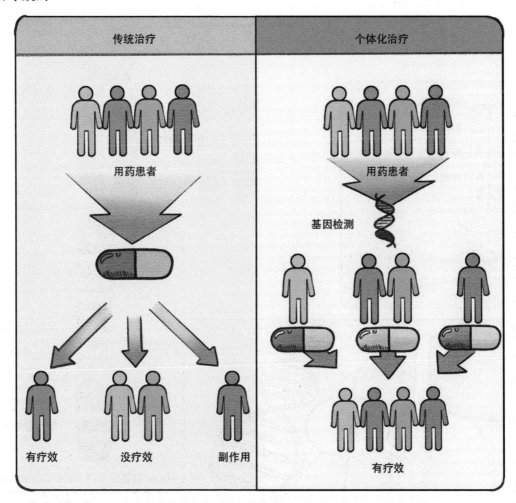

在不久的将来，科学家将利用个人的基因组序列提供最有益的药物配比。医生可以研究一个人的基因档案，确定他需要多长时间来代谢药物，对某些特定药物有多敏感，预先判断会不会产生副作用。这种通过基因确定药物配比和药量的过程被称作药物基因组学。

预测疾病和应用中的担忧

除了量体定药，医生还能通过个人的基因组图谱来判断这个人是否更容易患上某种疾病。一些特定的等位基因和基因组合可以指向一些疾病，让医生可以预先判断病人的患病风险，这些疾病包括 2 型糖尿病、一些心脑血管疾病和癌症等与遗传因素有关的常见疾病。乳腺癌是一种与基因突变直接相关的疾病。1990 年，科学家发现了一种直接与遗传性乳腺癌有关的基因，命名为乳腺癌 1 号基因，英文简称 BRCA1。1994 年，又发现另外一种与乳腺癌有关的基因，称为 BRCA2。当检测到 BRCA1、BRCA2 这两种基因发生突变时，就能判断患者疾病的发生概率。

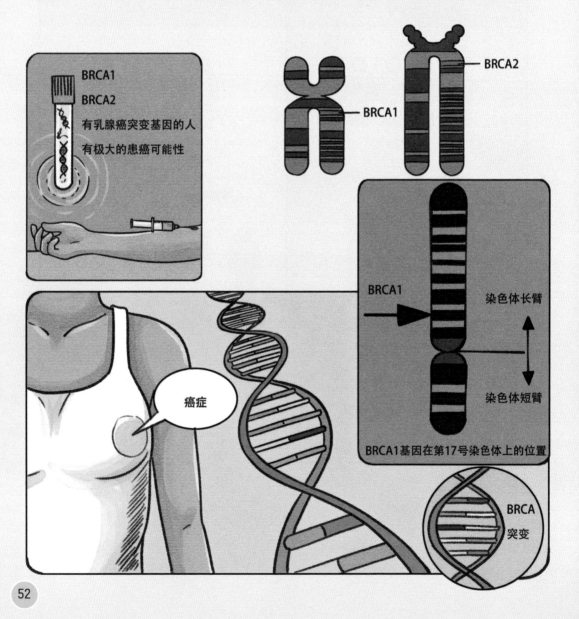

BRCA1
BRCA2
有乳腺癌突变基因的人
有极大的患癌可能性

BRCA2

BRCA1

BRCA1

染色体长臂

染色体短臂

BRCA1基因在第17号染色体上的位置

癌症

BRCA
突变

如果医生得知一个病人患某种疾病的概率较大，他在治疗的过程中就可以采取一些措施，避免疾病的发展。比如，如果某人患有 2 型糖尿病，对胰岛素敏感性较差，细胞无法有效获取葡萄糖，在这种情况下，医生可以建议病人多运动，养成健康的生活习惯，以减少患病风险。

此外，医生还会加强对病人病情的监控，一旦病人出现某些早期症状，就可以在第一时间发现并对其进行相应的治疗。

但是，自从对个性化医疗的预测推出后，一些担忧和疑问便始终相随。

科学家和医生可以在人出生时就为他做基因测序，预测他一生中可能在什么时候患哪些疾病。当然，这样做能够预防和治疗疾病，但是也存在一定的风险。这些重要的信息有可能被错用导致问题基因携带者被歧视。比如，某公司有一个重要职位缺人，有两名实力相当的应征者前来应聘。如果基因测序结果证明，其中一名应征者比另外一名更易患某种疾病，他的工作效率可能会受影响或产生更多医疗费用，那么这种预测可能会影响公司的聘用决定。

小端粒延续大生命

澳大利亚分子生物学家伊丽莎白·布莱克本（2009年诺贝尔奖生理学或医学奖获得者）发现了一种叫端粒酶的物质。这种物质可以使细胞无限次分裂而不变异。

我们都知道，人体是由细胞组成的，正是由于细胞在人体内不断地分裂繁殖，人类的生命才得以延续。如果细胞能无止境地分裂下去，人类就有可能长生不老了。

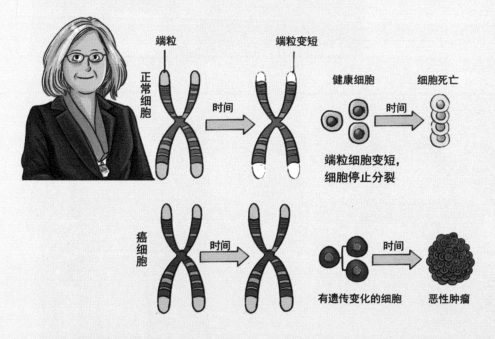

细胞分裂就是原有的一个母细胞分裂成两个子细胞。母细胞要把遗传物质传给子细胞，因此细胞每分裂一次，遗传信息也要复制一次。细胞的遗传物质分布在46条染色体内，每条染色体由一对双螺旋的DNA分子缠绕而成。在细胞分裂时，两条缠绕在一起的DNA链会打开，同时各以自己为模板，合成新的DNA链。但是由于很复杂的原因，DNA每复制一次，末端就会丢失一截，子细胞就不能完整地继承母细胞的遗传物质。这样就很容易发生基因突变。一般基因突变会产生很不利的影响，对人类来说，很可能产生某种病变。

早在 1930 年，保罗·赫尔曼·穆勒（1948 年诺贝尔生理学或医学奖获得者）与芭芭拉·麦克林托克（1983 年诺贝尔生理学或医学奖获得者）就发现真核细胞染色体 DNA 的末端有一段重复的序列，这一段序列是不携带遗传信息的。这些不带遗传信息的 DNA 片段叫作端粒。染色体复制时丢失的是一段无用的 DNA 片段，所有有用的遗传信息都还保留着。然而端粒的长度是很有限的，染色体每复制一次，端粒就减少一截。20 世纪 70 年代初就有科学家指出，DNA 每次复制之后，都会变短一点。复制几十次后，当端粒缩短至一定的程度时，如果继续复制，DNA 就要开始丢失带遗传信息的那一段了，这对生物来说是一种致命的伤害。为了防止遗传信息丢失得太快，细胞会停止分裂，自发地进行程序性凋亡。

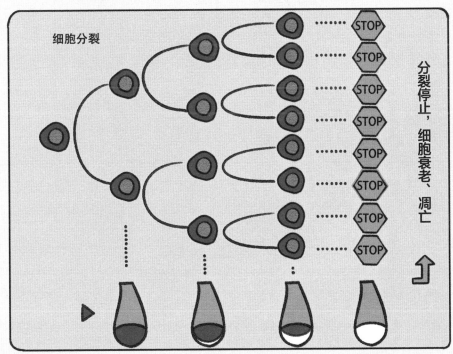

端粒随着细胞分裂而变短

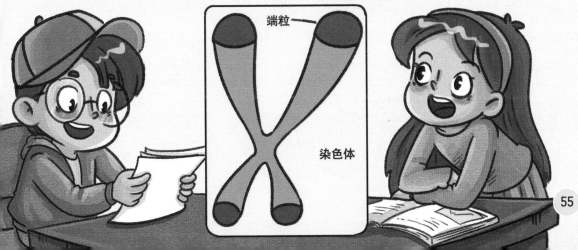

细胞的大限

20世纪60年代，美国生物学家海弗利克研究体外培养的人类细胞时发现，细胞最多只能分裂50次左右，之后就不再分裂。他将这个次数极限命名为"海弗里克极限"。端粒在细胞中的位置如下图所示。当细胞持续分裂、端粒不断减短到某种程度时，细胞便开始老化，它会启动名为"细胞凋亡"的自杀程序。

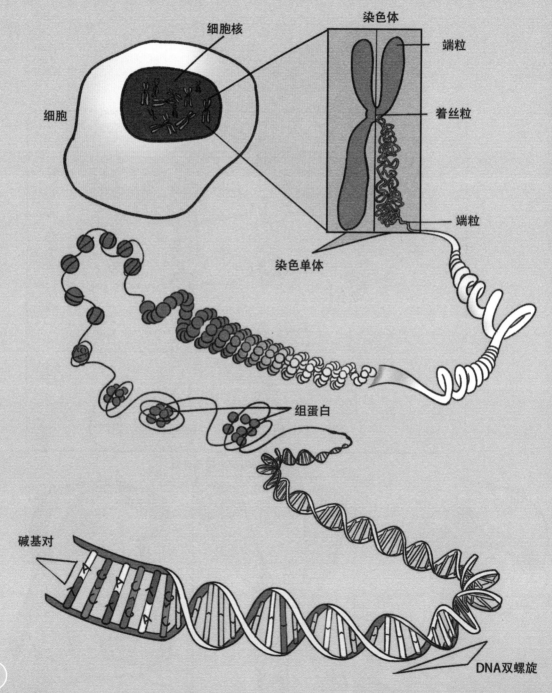

细胞核

染色体

端粒

细胞

着丝粒

端粒

染色单体

组蛋白

碱基对

DNA双螺旋

根据这个现象来推测，导致人类衰老的原因之一，是身体的每个细胞都要经历这个端粒耗竭的过程，最终都要凋亡。大部分细胞自杀得差不多了，人就衰老了。

婴儿长大成人，或者成年人长出新的组织，都意味着有新的细胞生成。细胞数量增加的主要途径是分裂，也就是细胞一分为二。只要细胞能够一直有序地生长和分裂，一切都会正常。

有时候细胞在分裂时会失去控制，比如在该停止的时候仍然继续分裂，就像汽车开得太快而失控。如果细胞的生长和分裂无法正常停止，肿瘤就会产生。当肿瘤越长越大，危害到正常的身体功能，就成了癌症。化学物质（如吸烟产生的物质）、辐射、病毒以及遗传因素都可能造成细胞内基因的改变，从而导致癌症的发生。

细胞的生长由基因控制，它们分为两类：一类基因告诉细胞要分裂，被称为原癌基因，另一类基因告诉细胞不要分裂，被称为肿瘤抑制基因。它们的工作就像电灯的开关，一类基因打开开关，而另一类基因关闭开关。肿瘤抑制基因编码的蛋白质可以减慢细胞的生长和分裂，这类蛋白质的缺失会导致细胞的生长和分裂失控。肿瘤抑制基因就像汽车的刹车片一样，肿瘤抑制基因的功能缺失就意味着刹车片不能正常工作，继而导致细胞持续地生长和分裂。

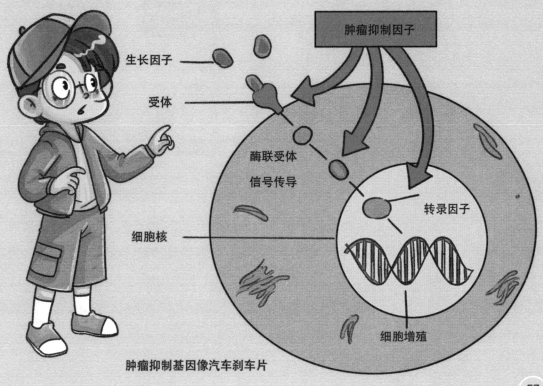

肿瘤抑制基因像汽车刹车片

端粒的修复

端粒就像鞋带上的塑料头，没有它们，鞋带很快就会抽线、破损，直到乱成一团而被丢掉。同样，如果没有端粒，染色体不但容易缠在一起，而且可能导致细胞发生故障。随着细胞的分裂，端粒会逐渐变短，直到细胞衰老或死亡。因此，端粒又被形象地比喻为炸药的引线。

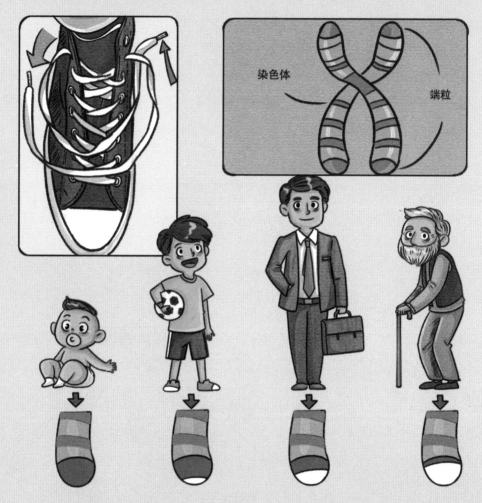

研究发现，端粒的长短与一个人的寿命有关。虽然端粒的长度并不是决定寿命长短的唯一因素，但端粒长的人比端粒短的人至少可以多活 5 年。难道就没有什么办法修复变短的端粒吗？科学家们发现，端粒酶可以修复端粒，但是在一般的细胞中几乎检测不到有活性的端粒酶。只有在造血细胞、干细胞和生殖细胞等必须不断分裂的细胞中，才可以检测到有活性的端粒酶。如果把端粒酶注入细胞中，延长端粒的长度，正常的体细胞就可以不断分裂。科学家对此寄予了很大的希望。可以说，端粒酶就是太上老君的续命仙丹啊！

如果端粒酶可以让细胞逃逸死亡，那它会不会增加癌症的风险呢？科学家至今没有得出结论，目前他们还只是可以让细胞突破限制并持续分裂，而且细胞没有出现癌变的迹象。按此构想，我们可以大量生产用于移植的细胞，如治疗糖尿病的胰岛 B 细胞、治疗肌肉营养不良的肌细胞以及治疗重度烧伤的皮肤细胞。

我们再来看一看端粒酶的另一面。我们说端粒酶在正常体细胞中几乎不表现活性，而在癌细胞中的活性却很强。在这种情况下，我们就不是利用端粒酶的活性，而是抑制它的活性，从而抑制癌细胞分化，达到治疗癌症的目的。研究表明，端粒酶抑制剂比传统的癌症化学疗法和基因疗法有更高的特异性和较少的副作用，并且很可能对晚期扩散的肿瘤也能够起到抑制效果。

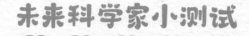

未来科学家小测试

1. 每个人的细胞内，有（　）对染色体。

　　A. 23 对　　B. 24 对　　C. 46 对　　D. 47 对

2. 下列国家中，没有参与人类基因组计划的是（　）。

　　A. 日本

　　B. 德国

　　C. 朝鲜

　　D. 法国

3. 下列选项中属于人类基因组计划研究范围的是（　）。

　　A. 绘制人类基因组图谱

　　B. 国际小行星预警网络

　　C. 国际小行星防空网络

　　D. 国际陨石预警网络

4. 世界上第一种完成基因组测序的哺乳动物是（　）。

　　A. 克隆羊多莉　　B. 小鼠　　C. 斑马鱼　　D. 鸡

5. 基因通过指导（　）的合成来表达自己所携带的遗传信息。

　　A. 细胞

　　B. 核酸

　　C. 蛋白质

　　D. 端粒

6. 一个人寿命的长短与端粒的长短有关。能够修复变短的端粒的物质是（　）。

    A. 造血干细胞

    B. 端粒酶

    C. 细胞质

    D. 胰岛素

7. 请你谈一谈细胞老化后，会发生什么变化。

_____

_____

_____

8. 请你谈一谈人类基因组计划对人类产生的影响。

_____

_____

_____

9. 请你说一说常见的、可能造成细胞内基因改变，从而导致癌症发生的因素有哪些。

_____

_____

_____

_____

答案：1A. 2C. 3A. 4B. 5C. 6B。

少年时编委会

图书在版编目（CIP）数据

解译生命密码 / 小多科学馆编著；石子儿童书绘. --
北京：电子工业出版社, 2024.7. -- (未来科学家科
普分级读物). -- ISBN 978-7-121-48139-0

Ⅰ. Q1-0

中国国家版本馆CIP数据核字第2024XL2849号

责任编辑：肖　雪　季　萌
印　　刷：北京利丰雅高长城印刷有限公司
装　　订：北京利丰雅高长城印刷有限公司
出版发行：电子工业出版社
　　　　　北京市海淀区万寿路173信箱　邮编：100036
开　　本：889×1194　1/16　印张：24　字数：460.8千字
版　　次：2024年7月第1版
印　　次：2024年7月第1次印刷
定　　价：158.00元（全6册）

凡所购买电子工业出版社图书有缺损问题，请向购买书店调换。若书店售缺，请与本社发
行部联系，联系及邮购电话：（010）88254888，88258888。

质量投诉请发邮件至zlts@phei.com.cn，盗版侵权举报请发邮件至dbqq@phei.com.cn。

本书咨询联系方式：（010）88254161转1860，xiaox@phei.com.cn。